领读者书系

星云世界

（少年轻读版）

薛永泉◎著
猫先生漫画工作室◎绘

北京科学技术出版社
100层童书馆

图书在版编目（CIP）数据

星云世界：少年轻读版 / 薛永泉著；猫先生漫画
工作室绘. -- 北京：北京科学技术出版社，2025.
（领读者书系）. -- ISBN 978-7-5714-4567-6

Ⅰ. P155-49

中国国家版本馆CIP数据核字第2025RT6202号

策划编辑：	刘婧文　张文军
责任编辑：	刘婧文
营销编辑：	何雅诗
图文制作：	天露霖文化
责任印制：	李　茗
出 版 人：	曾庆宇
出版发行：	北京科学技术出版社
社　　址：	北京西直门南大街16号
邮政编码：	100035
电　　话：	0086-10-66135495（总编室）
	0086-10-66113227（发行部）
网　　址：	www.bkydw.cn
印　　刷：	雅迪云印（天津）科技有限公司
开　　本：	889 mm × 1194 mm　1/32
字　　数：	32千字
印　　张：	2.5
版　　次：	2025年6月第1版
印　　次：	2025年6月第1次印刷

ISBN 978-7-5714-4567-6

定　　价：28.00元

北科读者俱乐部

目　录

它们缓慢地在空间移动，就像一大群蜜蜂在夏日的天空缓缓飞过。我们从自己所在的位置——这个系统内的某个地方——细细打量群星，望出边界，望向宇宙更深处。

——埃德温·哈勃

（摘自《星云世界》）

# 哈勃是谁?

1990 年 4 月 24 日,美国佛罗里达州,"发现号"航天飞机成功发射。它的"乘客",也就是日后赫赫有名的哈勃空间望远镜被送往太空。在距地面约 547 千米的近地轨道上,哈勃空间望远镜作为人类观测太空的"眼睛",帮助我们探索浩瀚星海。

那么,这台空间望远镜的名字是为了纪念谁呢?

哈勃是谁?

"20 世纪的哥白尼"——埃德温·哈勃

在回答前面的问题之前，让我们先来思考一下：宇宙的尺度有多大？

最初，人们对宇宙尺度的了解体现在以地球为宇宙中心的天球中，即"地心说"，接着发展为"日心说"，再之后人们以为银河系就是宇宙的全部。

尽管从数千年前就开始探索宇宙，但直到20世纪初，人类对宇宙的大部分认识仍然停留在银河系。

　　"银河系究竟是不是宇宙的全部？" 1920 年，美国科学家们就此展开了一场"世纪天文大辩论"，但并没有取得共识。

　　1923 年，一个人利用胡克望远镜观测到造父变星，成功地解答了上述问题：

　　银河系并非宇宙的全部；

　　银河系外还存在着其他星系，即河外星系；

这些河外星系都在离我们远去；

它们离我们越远，远离我们的速度就越快，这意味着 **"宇宙在膨胀"**。

解答了这些问题的人就是哈勃。

他的发现一举打破了"银河系是宇宙的中心"的观念，彻底改变了当时人们对宇宙的认知，因此他被称为"20世纪的哥白尼"。

探索宇宙的一生

埃德温·哈勃于 1889 年 11 月 20 日出生在美国的密苏里州。他从小就**喜欢天文学**，长大后在美国芝加哥大学学习了数学、天文学和哲学，但是他的父亲希望他学法律，于是后来他又成了英国牛津大学**法律系的高才生**。

同时，哈勃极具**体育天赋**。成年后的哈勃身高 1.9 米，外表像电影明星一样**帅气俊朗**，擅长篮球、网球、橄榄球、拳击等运动。1907 年，哈勃带领美国芝加哥大学篮球队第一次获得了美国高校体育联盟"大十联盟"的篮球比赛冠军。

1.9米

虽然哈勃在多个领域都取得了耀眼的成绩，但他最终还是选择了天文。他穷毕生之力研究天文学，成为一位伟大的天文学家，在河外天文学和观测宇宙学的创立过程中扮演着关键角色。

当然，哈勃也是非常幸运的。我们知道，天文学上的发现在很大程度上依赖于观测。在很长一段时间里，哈勃的研究一直是基于当时世界上最大、最好的望远镜——2.5米口径的胡克望远镜展开的。

　　哈勃也是世界上第一位使用5.1米口径的海尔望远镜观察天体的天文学家。哈勃能取得那些令人瞩目的研究成果，少不了这些"观天利器"的功劳。

哈勃在天文学领域取得了巨大的成就，更获得了无数奖项。**唯一的遗憾是，他没有获得诺贝尔物理学奖。**在当时，诺贝尔物理学奖是不考虑天文学领域的研究成果的。哈勃在他的职业生涯后期努力推动诺贝尔物理学奖的评审委员会将天文学，也就是天体物理学，纳入诺贝尔物理学奖的评审范围。

我申请加入！

物理学

天体物理学

　　然而，当他终于获得诺贝尔物理学奖的提名时，却因为突然离世而与该奖失之交臂。

哈勃环形山

哈勃的一生是追逐梦想、探索宇宙的一生。

由于哈勃在天文学领域做出了很多重要的贡献，人们称他为"星系天文学之父"。为了纪念他，月球上的一座环形山和20世纪世界上最大的空间望远镜都以他的名字命名。

很多学者对哈勃的成就给予了很高的评价。爱因斯坦曾盛赞哈勃的工作极其出色，并且认为他具有一种美好的精神。

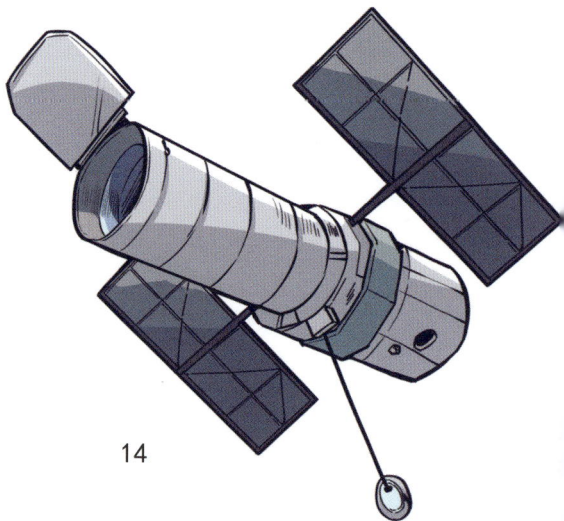

14

霍金称哈勃关于"宇宙正在膨胀"的发现是"20世纪最伟大的智力革命之一"。事实也确实如此，**哈勃的发现改变了人类对宇宙的认知。**

但哈勃是一个很谦逊的人，他说："世界比我大得太多。我不可能真正懂得它，所以我必须让自己信赖它，并且忘了它。"

我国著名天文学家卞毓麟曾经总结，哈勃的一生有三项最重要的成就：

旋涡星云
星系分类
哈勃定律

一、一锤定音地解决了旋涡星云的本质问题。

二、创立了沿用至今的星系分类方法——哈勃星系形态序列。

三、发现"哈勃定律"，证实了宇宙膨胀理论。

哈勃的这些重要贡献都反映在他的著作——《星云世界》之中。

《星云世界》的主要内容

《星云世界》是哈勃在美国耶鲁大学演讲时的讲稿，一共有八章。

第一章为"空间探索"。在这一章里，哈勃想告诉大家，人类的视野会随着观测能力的提升而不断扩展。我们想要探索和认识的事物从最初的行星开始，到后来的恒星世界，再到星系世界——从银河系到大量的河外星系，最终扩展到整个宇宙。

在第二章"星云的家族特征"中，哈勃尝试对形态各异的星系进行分类。

星系群

　　在第三章"星云分布"中，哈勃想进一步了解**所有星系在整个宇宙中的分布**。他了解到，如果这些星系离彼此足够近，相互之间的引力足够大，它们就可以形成一个物理系统——星系群。

　　通常来说，星系群可能由几十个星系构成，如果这个系统变得更大，由成百上千个星系构成，则被称为星系团。

第四章为"星云的距离"。

除了知道星系在宇宙中的分布，了解**这些星系与我们之间的距离**同样重要。人们想知道观测到的"星云"是在银河系里，还是在银河系外。

基于此，哈勃介绍了在确定星云距离时起到关键作用的一类天体——造父变星。

第五章是"速度—距离关系"。

在这一章里，哈勃通过对河外星系进行观测，发现这些河外星系都在离我们远去。

同时，它们离我们越远，远离我们的速度就越快，这告诉我们"**宇宙在膨胀**"。

在第六章"本星系群"中，哈勃如数家珍，带领我们逐一认识了**本星系群中的已知星系**，并介绍了它们各自有什么属性。

第七章是"全体视场"。在这一章里，哈勃在本星系群的基础上，看向**更遥远的星系**，对它们进行测量，并带领我们了解它们的性质。

　　在最后一章"星云世界"中，哈勃尝试去探索离我们更远的星系，甚至是那些处于当时望远镜**观测范围边缘、最遥远地方**的星系。

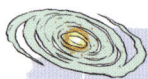

哈勃的三大成就

我们在前文中讲到了哈勃在天文学领域的三大成就,《星云世界》这本书就生动地再现了哈勃是如何一步一步取得这三项成就的。

旋涡星云的本质

◎ 什么是星云?

大家在看完上一章的内容介绍后,可能会产生疑问:究竟什么是星云,什么又是星系呢?

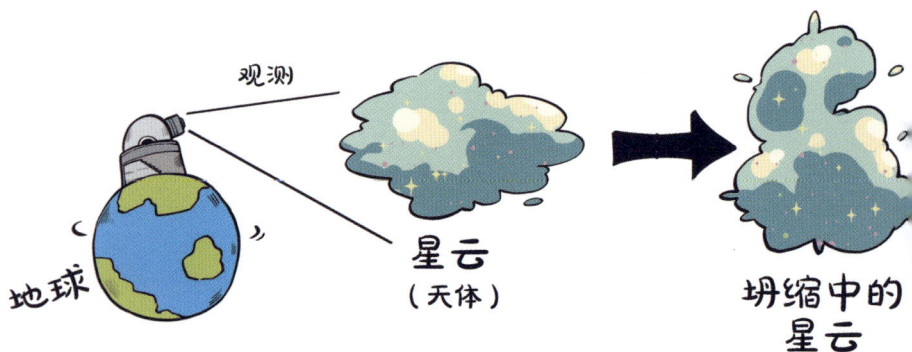

观测

地球

星云
(天体)

坍缩中的
星云

在 20 世纪初，人们通过天文望远镜发现了一些看上去非常模糊的天体，由于这些天体像云雾一样，因此被称作"星云"。

按照如今的观点，由上千万乃至数十、数百亿恒星聚合而成的集团称为星系，比如我们所在的银河系。

星云则是由气体和尘埃构成的延展型天体，在满足了一定条件之后，这个区域内的气体、尘埃等物质会坍缩成为新的恒星。

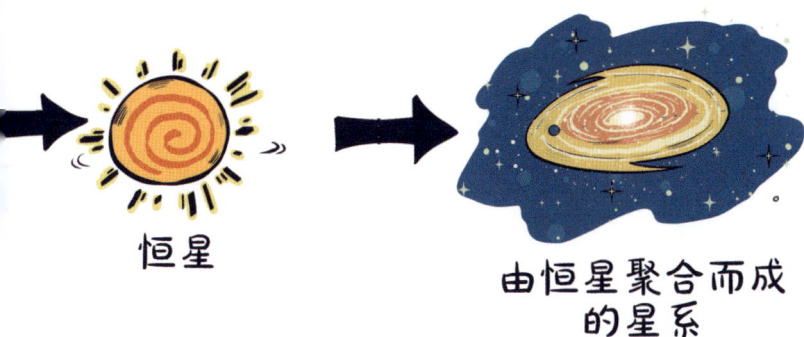

恒星

由恒星聚合而成的星系

由于过去的望远镜性能不佳，人们观测到的遥远天体往往模糊不清，因此星系（galaxy）和小一点儿的星团（cluster）一度被统称为"星云"（nebula），虽然它们后来都逐渐得以正名，但仍有一些地方沿用了之前的称呼。

卞毓麟在为《星云世界》中译本所撰导读中提到，哈勃从未采纳今天通用的"星系"概念，而是始终称之为"星云"。因此在领读《星云世界》时，我们只能根据具体语境来选择使用哪种说法。

◎ 我们所看到的星云

哈勃空间望远镜曾拍摄到一个巨大的分子云，人们将其称作"创生之柱"。这个柱状星云位于距离我们约 6 500 光年的鹰状星云，犹如三根巨大的柱子矗立在宇宙之中。观测表明，"创生之柱"中有许多恒星正在形成，它就是因此得名的。

哈勃空间望远镜还拍摄到了很多漂亮的星云。

有一种叫作行星状星云，它们看起来大多呈圆形、椭圆形或者环形，其中一些和行星比较像。它们通常形成自一些垂死的恒星，这些恒星在演化的最后阶段变得十分不稳定，会向外抛射出很多物质，构成各种漂亮的图案。

后来，人们发现行星状星云还有万花尺、猫眼和沙漏等形态。

大家想象一下，如果我们可以在城市的夜空中看到这么多漂亮的星云，那一定是一件非常幸福的事情。

宇宙

◎ **关于旋涡星云的争议**

　　下图是哈勃那个年代拍摄到的"仙女座大星云"（即如今的仙女座星系），以我们今天对天文学的认识来看，这是一个旋涡状星系。

　　但是在 20 世纪初，它的本质究竟是什么，人们还不清楚。

　　这引发了很多争论，人们不知道它究竟是在银河系中，还是在银河系外。

在这种背景下，**岛宇宙学说**又被提起。该学说认为，星云位于距离我们十分遥远的银河系以外，是独立于银河系存在的河外星系。同时，银河系外存在着大量星系，它们就像漂浮在宇宙空间中的岛屿一样。

星云究竟属于银河系还是独立于银河系存在的河外星系？

1920年4月26日，在美国史密森尼国家自然博物馆里，天文学家哈罗·沙普利与希伯·柯蒂斯就旋涡星云的本质和宇宙的尺度展开了一场世纪大辩论。

以沙普利为首的天文学家认为，银河系就是宇宙的全部，旋涡星云属于银河系；以柯蒂斯为代表的天文学家则认为银河系并非宇宙的全部，旋涡星云是独立于银河系存在的河外星系。

　　双方都拿出大量的数据来证实自己的观点，但是由于缺乏决定性的观测证据，最终谁也没能说服对方。

造父变星

哈勃也非常关注这个问题。

在这场辩论发生三年多后的1923年10月，哈勃利用胡克望远镜观测到，仙女座大星云中有一颗很特别的恒星是造父变星。

造父变星也被称为"量天尺"，这类天体具有特殊的周光关系。所谓"周"，就是指周期；所谓"光"，则是指光度。

在演化后期，恒星变得非常不稳定，表面大气会出现周期性收缩、膨胀的现象，呈现出像下图展示的光度和颜色变化。这是因为在表面大气膨胀的过程中，恒星的体积变大，表面温度就会下降，它发出的光线颜色会由蓝色经黄色变为红色，再随着表面大气的收缩，从红色经黄色变回蓝色。也就是说，在它的大小发生周期性变化的同时，它的光度也会发生相应的变化，而且具有更长光变周期的造父变星具有更高的光度。

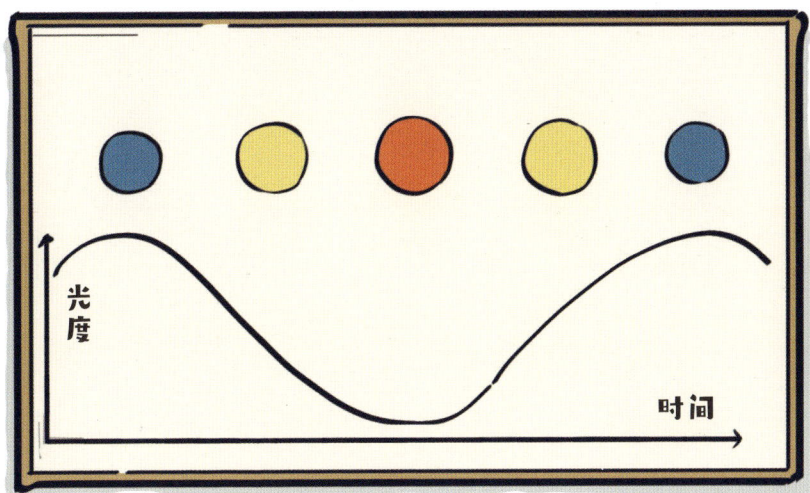

我们知道，相同光度的天体距离地球越远，看起来越暗。哈勃利用造父变星的周光关系，根据观测到的光变周期，计算出造父变星的实际光度，再通过对比观测亮度和实际光度，就可以计算出造父变星到地球的距离。

哈勃发现，**这一距离远远超过当时人们认为的银河系的尺度**。基于此，他认为，仙女座大星云是位于银河系外的星系。

这之后，哈勃通过对其他造父变星的观测，又发现了大量河外星系。

宇宙

银河系

地球

距离

如果你是当时的科学家，了解到有大量的河外星系，并拥有了它们的照片，你想去探索什么样的问题？

我想，宇宙这么大，其中的星系如此之多，接下来要做的很自然就是根据星系的形态给它们分类。

这也是哈勃接下来开展的工作。

河外星系

仙女座大星云

造父变星

哈勃星系形态序列

根据长期的观测，哈勃建立了直到今天仍在广泛使用的星系分类方法，也就是哈勃星系形态序列。

哈勃将观测到的星系分为三类：椭圆星系（E）、旋涡星系（S）和不规则星系（Irr）。

椭圆星系是指整体呈球形或椭球形的星系；旋涡星系则指具有旋臂的星系；其余形态不规则的、既不属于椭圆星系也不属于旋涡星系的星系，则被统一归类为不规则星系。

而针对规则星系，哈勃还建立了星系形态序列，绘制了"哈勃音叉"星系分类图。

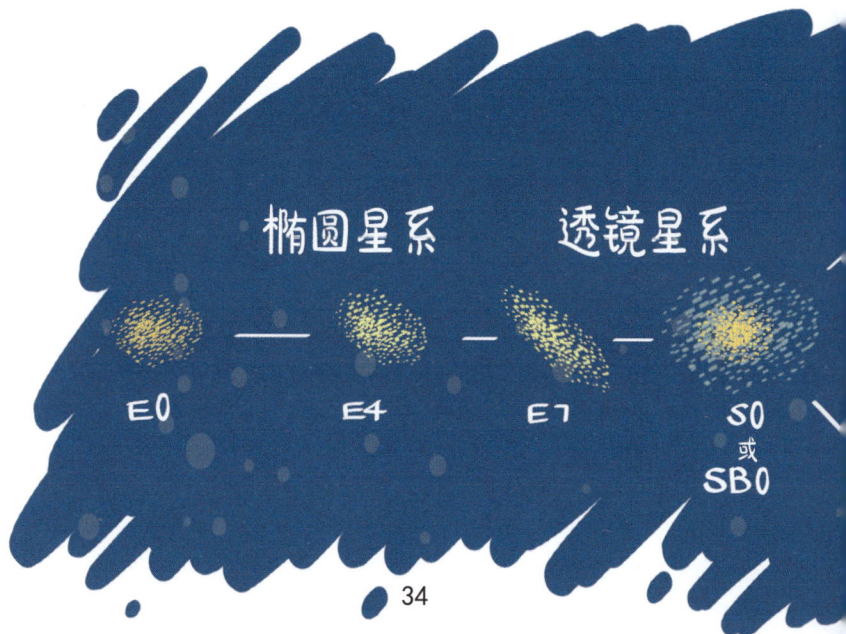

椭圆星系　　　　　透镜星系

E0　　　E4　　　E7　　　S0
或
SB0

值得注意的是，存在一类**透镜星系（S0 或 SB0）**，形态介于椭圆星系和旋涡星系之间：透镜星系已经开始出现表面凸起和圆盘，这些都是旋涡星系的特征，但它们还不具备旋涡星系的旋臂。

随着对旋涡星系的进一步观测，哈勃将旋涡星系再分成两类。有的旋涡星系除了核球之外还具有棒状结构，就称为**棒旋星系（SB）**，而其他不带"棒"的则仍被称为**旋涡星系**。另外，根据旋臂的开合程度，又可以对旋涡星系进一步细分。

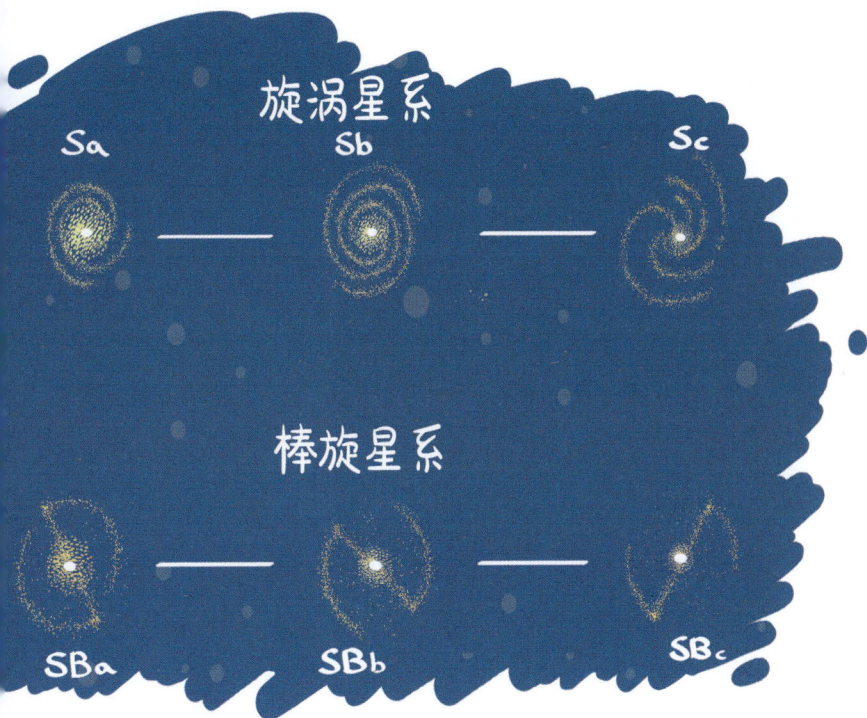

旋涡星系

Sa   Sb   Sc

棒旋星系

SBa   SBb   SBc

通常来说，不规则星系的质量比较小，这也意味着它们是宇宙中最常见的一类星系。这就类似于在人类社会中，超大城市的数量占比较小，小城市的数量更多。这些"超大城市"就是宇宙中的椭圆星系和旋涡星系。占比更大的则是不规则星系。

质量较小的不规则星系相对来说光度也比较低，这导致它们很难被观测到。

什么是投影效应？

　　我们在书籍中或者网络上看到星系形态时，其实是存在投影效应的。投影效应是指，当我们从不同的角度观察某个星系时，看到的星系形态也不同。因此，我们看到的那些星系形态的图片，往往只是某个角度下的星系形态。

　　比如，上图中是一个 Sa 型旋涡星系，由于它的圆盘和我们的观测视角几乎在同一个水平面上，所以它看上去就是一个薄薄的、中间明亮且凸起的圆盘。在这个视角中，圆盘上的黑色区域就是星系中的尘埃，它们能够吸收紫外光与可见光，因而看起来很暗。

椭圆星系可以演变为旋涡星系吗？

对于哈勃提出的星系形态序列，当时的人们认为旋涡星系（当时被称作"爪形星系"）很可能是由椭圆星系（当时被称作"碗形星系"）通过一系列过程演变而来的。

那么，椭圆星系是否有可能演变成旋涡星系呢？

今天我们认为**这个问题的答案是否定的**。

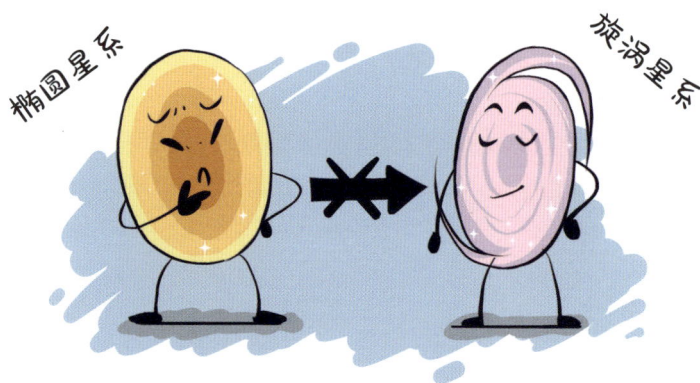

椭圆星系具有相当低的净角动量*，甚至接近于零；而旋涡星系旋臂中的恒星都在有规则地绕中心旋转，因而具有更大的净角动量。

---

* 角动量是用于描述物体转动状态下的量。一个质量为 m、速度为 v、与原点距离为 r 且绕原点转动的点，其角动量 $L = r \times mv$。也就是说，质量越大、速度越快、离原点越远，则角动量越大。

具有较小净角动量的星系向具有较大净角动量的星系演变，在物理上是难以实现的。

不过，我们也知道，当星系之间离得足够近时，它们会并合。当两个旋涡星系并合时，它们各自带有的巨大角动量可能相互抵消。那么并合的结果可能就是形成一个质量更大、没有净角动量的椭圆星系。

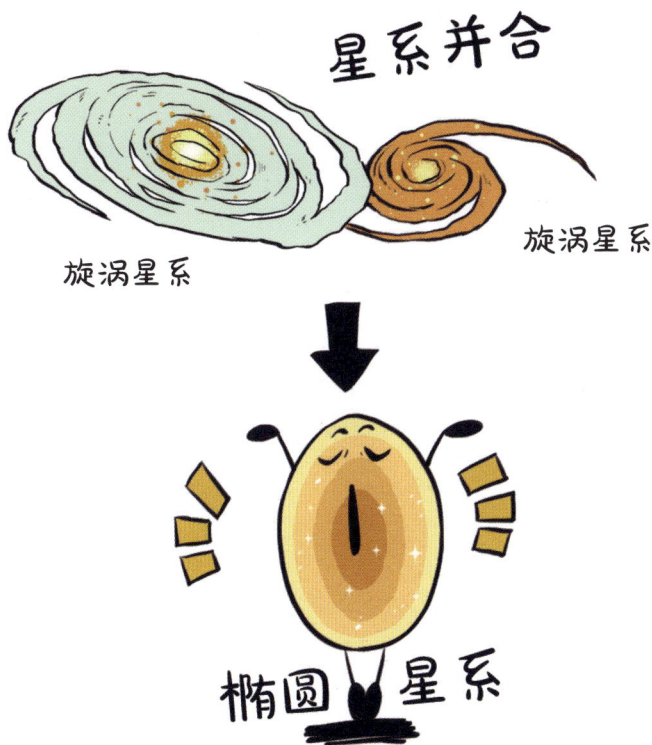

星系并合

旋涡星系

旋涡星系

椭圆星系

星系间的潮汐作用

　　说到星系的合并，就不得不提到一个概念，那就是星系间的潮汐作用。

　　在距离地球约 2.9 亿光年的地方，有一对看起来很有意思的星系叫双鼠星系。当两个星系离得足够近的时候，它们之间就会相互作用。双鼠星系就是两个星系因为距离过近，产生了潮汐作用，导致星系的形状发生了变化，恒星、气体等物质被甩出来，形成"尾巴"。

双鼠星系

阿普273

距离地球约 3 亿光年的一对星系阿普273，同样因为距离太近而产生了明显的形变，看起来就像一朵在宇宙中盛开的玫瑰。

哈勃空间望远镜曾经拍摄到如意状的触须星系，斯皮策空间望远镜也曾拍摄到两个连起来像面具一样的星系，它们都是在潮汐作用下产生形变而形成的。

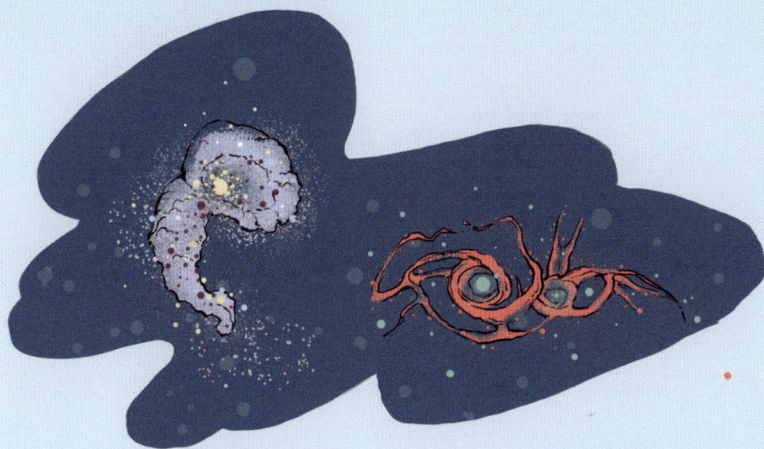

在哈勃的星系分类的基础上，人类通过对不同星系的观测和研究，对宇宙有了进一步的认识。

人们通过对旋涡星系旋转曲线的测量，计算出"暗物质"的存在。

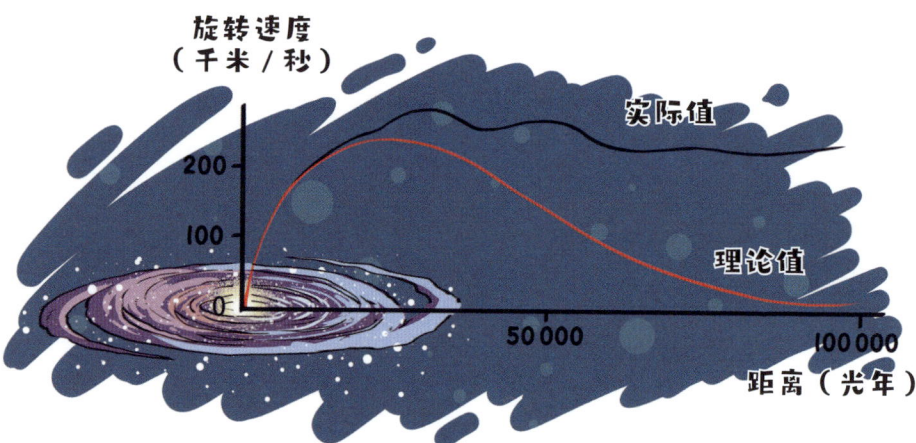

上图展示的旋转曲线以旋涡星系旋臂上的恒星到星系中心的距离为横轴，以恒星绕星系中心旋转的速度为纵轴。

旋涡星系中恒星绕星系中心旋转的运动，其实与太阳系中行星绕太阳旋转的运动类似，即开普勒运动。

如果按照开普勒运动的方式进行理论计算，我们会发现，随着恒星到星系中心的距离越来越大，恒星绕星系中心旋转的速度会越来越慢。这是因为恒星离星系的中心越远，星系的中心对恒星的引力就越小，它们的离心力也就越小。

距离近，速度快

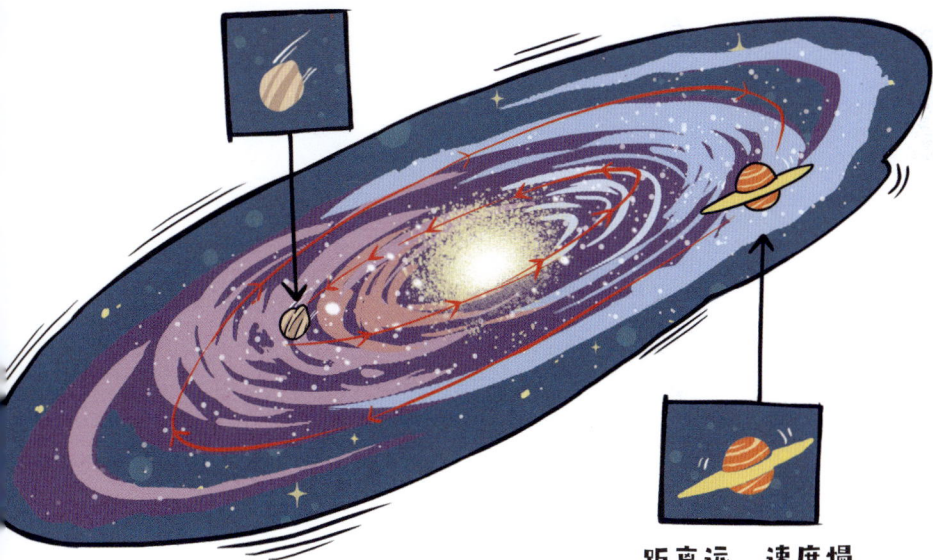

距离远，速度慢

然而，**实际观测到的结果却不是这样**：即使在距离中心十分遥远的地方，那些恒星绕中心的旋转速度仍然很快。

　　这就带来了一个问题。我们知道，包括天体在内的各个物体之间的引力大小与各物体的质量成正比，那么对于一颗绕星系中心旋转的恒星，星系中心要有多大质量，这颗恒星才能在保持如此快的绕中心旋转速度的同时，仍不逃离这个星系的束缚？

引力

引力

计算出结果后，科学家发现，这一质量远远超过该星系中所有恒星的质量总和。这就告诉我们，星系中存在一种质量很大的物质，它不发光、不吸收、不反射光线，但是有引力作用。

　　至此，人类通过测量旋涡星系的旋转曲线，推知了暗物质存在的可能。

暗物质

引力

引力

哈勃定律与宇宙膨胀

我们现在已经知道星系布满了整个宇宙，甚至可以说就是它们构成了宇宙。

我想问一个问题：你认为宇宙是静止不动的，还是不断收缩或膨胀的呢？换句话说，你认为这些星系是保持静止的，还是互相靠近或远离呢？当然，这个结果要依靠观测来确定。

这也就是哈勃的第三大成就，他证实了宇宙在膨胀。

远离

静止

◎ **多普勒效应与宇宙学红移**

在日常生活中，如果一辆正在鸣笛的火车朝我们驶来，那么在靠近我们的过程中，鸣笛声会变得越来越尖锐，也就是声音的频率变高了；当火车离我们远去时，它的鸣笛声则会变得低沉，也就是声音的频率变低了——这就是**多普勒效应**。

多普勒效应也存在于星系中。如果将星系发出的光按照波长来排布，我们可以得到它们的光谱。星系可以产生特定波长的谱线。

光谱

当一个星系朝着银河系运动时，谱线的频率会变高，波长会变短。也就是说，谱线的波长会朝着与蓝光（短波光）具有相似波长的方向移动，这就是由多普勒效应产生的星系光谱的蓝移。

相反，当一个星系离我们远去时，它的谱线的频率会变低，波长会变长，也就是说谱线的波长会朝着与红光（长波光）具有相似波长的方向移动，这就是星系光谱的红移。

与单个天体远离地球产生的多普勒红移同样重要的是**宇宙学红移**。

当将视角放大到整个宇宙，我们会发现，如果整个宇宙是不断膨胀的，即所有星系跟着宇宙一起膨胀，那它们就都在互相远离，这也会产生红移，这种红移被称为宇宙学红移。这些星系离我们越远，它们的光谱红移程度就会越大。

远离

波长变长

靠近

波长变短

◎ 关于星系红移和蓝移的早期发现

在一百多年前，天文学家就对星系的蓝移和红移进行了观测。美国天文学家维斯托·斯里弗在1912年就发现了仙女座星系的蓝移，它蓝移的速度可以达到300千米／秒。考虑到我们是在太阳系中观测仙女座星系，而太阳系绕银河系中心旋转的速度为220千米／秒，进行速度合成后，我们可以知道，仙女座星系朝银河系靠近的速度约为100千米／秒。

　　这就意味着，**在经过足够长的时间后，仙女座星系可能会与银河系发生碰撞**。那么碰撞后会发生什么呢？地球是否会"天崩地裂"呢？太阳是否会与某颗来自仙女座星系的恒星发生碰撞呢？

　　事实上，由于恒星之间的空间非常大，彼此相距很远，如果那时人类还存在，人们的日常生活可能也并不会受到影响。

　　1914年，斯里弗在论文中提及其对15个星系的速度进行了计算，发现有11个星系发生红移，也就是说它们在离我们远去。三年之后，斯里弗在25个星系中共发现21个星系存在红移现象。

　　基于此，人们得出一个基本结论：在本星系群中，也就是我们银河系所在的、由几十个星系构成的群体中，只有极少数星系在向我们靠近。

◎ 哈勃定律——"宇宙膨胀"的证实

　　1929 年，哈勃发表论文，提出星系远离我们的速度与其和我们的距离成正比。也就是说，**星系离我们越远，远离我们的速度就越快**。这就是著名的哈勃定律。

　　其中，星系远离我们（退行）的速度与其和我们的距离之比称为哈勃常数。根据哈勃的观测数据，哈勃常数的大小起初被认定约为 500 千米／秒／百万秒差距。要知道，秒差距是一个非常大的单位，1 秒差距（pc）约为 3.26 光年。得出这样一个常数意味着，一个星系与我们的距离每增加 326 万光年，它远离我们的速度就增加 500 千米／秒。

初期测出的哈勃常数
500 千米／秒／百万秒差距

膨胀

　　哈勃定律的提出无疑意味着"宇宙在膨胀"。
　　那么应该如何理解"宇宙在膨胀"呢？我们可以将宇宙比作气球，当我们向气球内吹气时，气球会逐渐变大，就像膨胀的宇宙。如果气球表面有一群蚂蚁，当气球变大时，它们虽然是静止不动的，但是彼此之间都在互相远离。彼此距离越远的蚂蚁，就会以越快的速度远离。我们可以将这些"蚂蚁"理解为宇宙中的星系。

值得注意的是，**宇宙膨胀的过程是一种空间膨胀，星系本身并没有膨胀**。星系只是随着空间移动。星系退行的过程中就会发生宇宙学红移。

　　然而，哈勃并不是第一位提出"宇宙在膨胀"的科学家。在哈勃定律提出的两年前，比利时牧师、数学家、天文学家乔治·勒梅特就得出了类似的结论。可惜受限于当时不够发达的通信技术，科学家之间无法很好地交流。为了纪念勒梅特的贡献，2018 年 10 月，经国际天文学联合会表决通过，哈勃定律更名为哈勃–勒梅特定律。

物质告诉时空如何弯曲，时空告诉物质如何运动。

◎ 爱因斯坦的相对论宇宙模型

在哈勃生活的时代，除了"宇宙在膨胀"理论，许多科学家也提出了自己的宇宙模型，比如爱因斯坦提出的相对论宇宙模型。

1915年，爱因斯坦发表广义相对论，提出著名的引力场方程。广义相对论很好地描述了时空与物质之间的关系：物质告诉时空如何弯曲，时空告诉物质如何运动。

宇宙

1917 年，爱因斯坦将引力场方程应用于宇宙的结构时，发现方程的解是不稳定的。这就意味着，宇宙要么在膨胀，要么在收缩。

可爱因斯坦本人认为，宇宙应该是静态的、有限无边的、没有中心的。

宇宙是静止的。

为了让宇宙保持静态，爱因斯坦在原本的引力场方程中加入起斥力作用的**宇宙学常数**。

　　在得知哈勃发表的研究结果后，爱因斯坦对自己的"画蛇添足"后悔不已，并称之为他这辈子犯的最大错误。

膨胀

奇点

　　在 1922 年，苏联气象学家、数学家、物理学家亚历山大·弗里德曼求得不含宇宙学常数项的引力场方程的通解。基于计算结果，他证明了宇宙是膨胀的，而且宇宙是从一个奇点[*]开始膨胀的。

---

[*]　奇点的概念在物理上是很难理解的。它可能是体积无穷小、密度无穷大、温度无穷高的一个点。

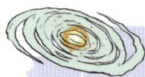

哈勃常数与宇宙之谜

哈勃常数的测定

哈勃常数可以用来估算宇宙的年龄，这一年龄也被称为"哈勃年龄"。根据哈勃的观测数据，并假设宇宙始终以匀速膨胀，那么到今天，宇宙的年龄应该是约 20 亿年。这就很有问题了。

要知道，按照当时的测算，太阳系的年龄约为 45 亿年，一些更古老的恒星年龄已经超过 100 亿年。所谓的"球状星团"，也就是那些由数十万颗甚至数百万颗恒星构成的高密度球状天体系统，年龄更是达到了 120 亿年。

宇宙的年龄怎么会小于这些已知天体的年龄呢？

这意味着，当时测定的哈勃常数可能是极不准确的。

在哈勃定律提出后，哈勃常数的测定就成了天文学家重点关注的问题。

德国天文学家瓦尔特·巴德利用 2.5 米口径的胡克望远镜对仙女座星系进行了观测。他发现，仙女座星系中其实存在着两类造父变星，而哈勃当时观测到的造父变星比那些用于确定距离的造父变星亮 4 倍，也就是说那些星系与我们之间的实际距离应该是哈勃计算出的距离的 2 倍。哈勃常数也就相应地变小，由原本的 500 千米 / 秒 / 百万秒差距变为约 250 千米 / 秒 / 百万秒差距。

之后，人们持续对哈勃常数进行测定。比如，人们利用哈勃空间望远镜观测了 19 个星系中的 800 颗造父变星，将哈勃常数限制在约 70 千米 / 秒 / 百万秒差距。后来，人们利用引力透镜等多种观测手段测定哈勃常数，也都得到相似的结论。

在通过大量的观测并重新计算"哈勃年龄"后，目前科学家普遍认为宇宙年龄应为 140 亿年左右。

匈牙利数学家保罗·埃尔德什曾说："当我是个孩子时，人们说地球的年龄是20亿年，现在人们说地球的年龄是45亿年，所以我的年龄是25亿岁。"按照这个逻辑，如今测定的宇宙年龄为140亿年，那么我们现在都有120亿岁了！

140亿年

◎ 哈勃常数危机

到了今天，"哈勃年龄"的测定越来越精准，但是同时也出现了哈勃常数危机。具体来说，基于宇宙早期遗留下来的微波背景辐射这一宇宙学探针来测定的哈勃常数，与基于遥远的 Ia 型超新星这类天体使用的技术手段测定的哈勃常数越来越不一致，虽然两种测量方式都越来越精准，但所测得的哈勃常数的差异的显著程度越来越大。

微波背景辐射

我算出了哈勃常数！

当然，对于哈勃常数危机出现的原因，目前存在各种各样的解释。比如，不同的测量方法之间存在一些未知的系统偏差。还有人认为，两种测定方法得到的可能是不同的物理量。到目前为止，科学家尚未就这些解释达成共识。

众多解释中，有一种最令人兴奋，那就是哈勃常数危机的出现可能意味着存在新的物理！当然，这些还有待天文学家进一步研究。

哈勃常数

Ia 型超新星

我也算出来了，但好像结果不一样！

宇宙加速膨胀

2011 年，诺贝尔物理学奖授予索尔·珀尔马特、布赖恩·施密特、亚当·里斯三位天体物理学家。他们通过对遥远的 Ia 型超新星进行观测，发现了宇宙正在加速膨胀。也就是说，宇宙不仅在膨胀，而且在加速膨胀。

Ia 型超新星被称为"标准烛光"，也就是说可以将我们观测到的它们的亮度换算成它们与我们之间的距离。

Ia 型超新星

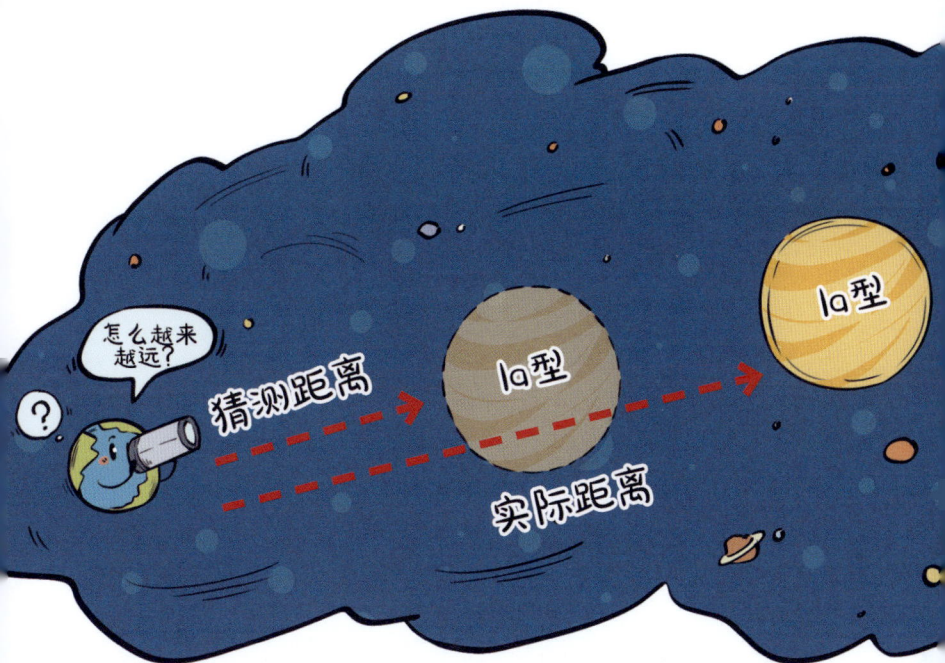

　　这几位天体物理学家发现，这些 Ia 型超新星与我们之间的距离比我们原来以为的远很多。这也意味着，宇宙是在加速膨胀。

　　无论是近邻星系还是遥远的超新星，它们和我们的距离与其红移之间的关系都可以用"物质与暗物质占比约 30%，暗能量占比约 70%"的宇宙学模型来计算。我们知道，宇宙之中，暗能量发挥斥力作用。在宇宙之中占比约 70% 的暗能量的主导作用下，宇宙在加速膨胀。

这个斥力听起来是不是很熟悉？没错，这就是爱因斯坦在他的引力场方程中加入的宇宙学常数，加入这个常数后，理论值和观测数据之间就能够吻合。

　　可宇宙学常数的本质是什么？

　　暗能量的本质又是什么？

　　对于这些问题，科学家还在不断地探索。

如果将目前为止我们对宇宙的认识总结起来，大概是这样的：

　　大约140亿年前，宇宙从一个极端高温、极端高压、极端高密度的奇点发生大爆炸而诞生；随后的瞬间，宇宙空间突然快速地膨胀，膨胀速度甚至超过光速，这一过程被称为暴胀；大爆炸刚结束时，宇宙中的物质非常密集，超高温的环境下甚至不允许原子的存在。

奇点

在大爆炸后的 3 ~ 20 分钟里，随着宇宙的膨胀，宇宙中的温度逐渐降低，氢原子、氦原子等开始形成。

又过了大约 38 万年，辐射（也就是光子）和物质（也就是氢原子、氦原子等构成的气体）之间不再发生相互作用，残留的辐射在继续膨胀的宇宙中一直冷却到今天，波长进入了微波波段，这就是宇宙微波背景辐射。在那个时候，没有任何天体的宇宙进入"黑暗时代"。

又过了相当长的一段时间，物质在暗物质引力作用的帮助下，加速聚集、成团，形成第一代恒星、第一代星系，然后它们不断演化，最终形成我们今天所看到的宇宙。

可以说，宇宙从诞生起直至今天的演化过程一直伴随着自身的膨胀，而根据 2011 年诺奖得主的发现，**现在的宇宙由暗能量主导，正在加速膨胀**。

生命起源与宇宙未来

　　读到这里，你可能想问：在如此浩瀚的宇宙中，生命是如何诞生的？宇宙的未来又会是什么样的呢？

　　到目前为止，天文学的重大研究前沿可以将这一疑问概括为 "一黑二暗三起源"。

"一黑"是指黑洞,"二暗"是指暗物质和暗能量。暗物质和暗能量占据了整个宇宙所有物质和能量总和的95%,我们想要了解它们,是因为它们的性质将决定宇宙未来的命运。"三起源"则是指宇宙本身的起源、宇宙中各类天体的起源以及生命的起源。这是天文学想要回答的终极问题。

对于宇宙的未来，目前我们的认知是，宇宙不但在膨胀，而且在加速膨胀。人类对宇宙未来的认知可能还要依赖于未来我们对暗能量和暗物质的性质的深入了解。

　　目前我们对暗能量的认知就是它具备斥力，也正是这些强大的斥力导致宇宙加速膨胀。

　　此外，天文学家利用星系巡天*描述宇宙膨胀的历史时，发现暗能量的性质可能也在演化。

现在

------

* 　星系巡天：对一片天区的星系开展普查式观测。

暗能量的演化可能改变宇宙的未来。比如，暗能量的演化导致宇宙膨胀进一步加速，那么在数千亿年后，膨胀产生的斥力有可能将银河系撕裂。

当然，这些都是基于目前的认知做出的推测，并不是确凿无疑的。

对于天文学研究，唯一确定的就是所有研究结果都具有巨大的不确定性。很多模型和假说都需要更多的观测结果来验证。

75

最后，我希望大家都去读一读《星云世界》，去了解宇宙、爱上宇宙。我希望对宇宙的了解可以成为未来人们必备的素质。

当然，你喜欢宇宙，日后也不一定就要从事天体物理研究。不过，如果你愿意在这个领域继续深耕，当然是非常好的。

"宇宙那么大，我想去看看！"

　　希望这篇导读可以激起大家阅读《星云世界》的兴趣，让你发自内心地说出上面这句话。也愿每个人都可以坚持自己的梦想，探索属于自己的宇宙！

星云世界

哈勃常数测定
不断精准

宇宙加速膨胀
与宇宙大爆炸

对天文学研究
的影响

"20世纪
的哥白尼"

十项全能：
法律、体育、天文学

幸运：
拥有"观天利器"

遗憾：
与诺奖失之交臂

作者：哈勃

成果 → 三大成就

旋涡星云的本质

星系分类

争议：旋涡星系在银河
系内，还是银河系外？

椭圆星系　透镜星系　旋涡星系

棒旋星系

通过造父变星发
现大量河外星系

天文学研究方向:
一黑二暗三起源

第一章:人类的视野随观察能力提升而扩展

第二章:对星系进行分类

第三章:星系在宇宙中的分布

第四章:星系与我们之间的距离

第五章:星系退行与宇宙膨胀

第六章:了解本星系群

第七章:了解更遥远的星系

第八章:探索观测范围边缘的星系

《星云世界》

体现

宇宙膨胀

不规则星系

哈勃定律:星系远离
我们的速度与其和
我们的距离成正比

初步测得
哈勃常数

领读者书系：
科学经典篇
（第一辑）